易小点数学成长记
The Adventure of Mathematics

快追上韩信

童心布马 / 著
猫先生 / 绘

10

北京日报出版社

图书在版编目（CIP）数据

易小点数学成长记 . 快追上韩信 / 童心布马著；猫先生绘 . --
北京：北京日报出版社，2022.2（2024.3 重印）
ISBN 978-7-5477-4140-5

Ⅰ . ①易… Ⅱ . ①童… ②猫… Ⅲ . ①数学—少儿读物 Ⅳ . ① 01-49

中国版本图书馆 CIP 数据核字 (2021) 第 234245 号

易小点数学成长记　快追上韩信

出版发行：北京日报出版社
地　　址：北京市东城区东单三条 8-16 号东方广场东配楼四层
邮　　编：100005
电　　话：发行部：（010）65255876
　　　　　总编室：（010）65252135
印　　刷：鸿博昊天科技有限公司
经　　销：各地新华书店
版　　次：2022 年 2 月第 1 版
　　　　　2024 年 3 月第 7 次印刷
开　　本：710 毫米 ×960 毫米　1/16
总 印 张：25
总 字 数：360 千字
总 定 价：220.00 元（全 10 册）

目录

少年马拉松活动招募中……

易小点快看，这可是你的强项！

接收到关于马拉松的信号！

博士，您怎么开始接收体育信号了？

我把系统升级了呀。

四人来到古雅典。波斯人和雅典人正在离雅典不远的马拉松海边展开激烈的战争。

您是怎么知道他们的速度的呢?

我在他们的装备里放了定位器,这样就可以随时监测他们的位置,判断他们有没有遇到阻碍。

两个阵地之间的总距离就是易小点和菲迪皮茨跑的距离总和。

易小点跑的距离:
2.5 × 4.5 = 11.25(千米)
菲迪皮茨跑的距离:
5 × 4.5 = 22.5(千米)
所以,两个阵地之间的总距离是:
11.25 + 22.5 = 33.75(千米)

? 千米

这两个阵地之间的距离是多少呢?

我们自己算算看吧。

易小点和菲迪皮茨都顺利完成了任务。雅典打了胜仗。

很早以前，人们主要使用马车等交通工具，各地方也有短程的小运河，通过水路运送货物以及出行。

到了隋朝，隋炀帝动用百万人力，利用疏浚之前众多王朝开凿留下的河道，修了京杭大运河，让水路交通发达起来。

运河开凿成功，可以方便贸易和交通！

我们要先算出行船和水流的速度差：
4 – 1.5 = 2.5（千米／小时）。

再用总路程 ÷ 速度，算出行船时间：
11 ÷ 2.5 = 4.4（小时）。

经过这次体验，在制作船模时，他们将逆水行船的问题考虑了进去。

我们要改良模型的动力装置，提升它的逆水行驶速度。

比赛当天

船模大赛

他们取得了最后的胜利！

一天放学后……

哇!

今天怎么不去打球,坐在这里发呆?

现在是下午 5:35,多久之后分针和时针会发生第一次完全重合呢?你们想过这个问题吗?

我在思考一个非常非常深奥的数学问题。

如果想明白了,就会诞生易小点定律。

我们已经认识了时钟，也学过角度，还掌握了追及问题，可遇到时钟问题还是有点糊涂。

分针走 1 小格，时针只走了 $\frac{1}{12}$ 小格。
两针的速度差 = $1 - \frac{1}{12} = \frac{11}{12}$ 小格每分钟。

时钟问题早就被数学家们解决了！

没机会用自己的名字命名数学定律了。

每天都有进步就很值得开心呀。

没有谁的成绩是一蹴而就的。就像一只小蜗牛要从 10 米深的井底向井口爬。

白天爬 3 米，晚上向下滑落 2 米。第二天白天向上爬 3 米，晚上又滑落 2 米。

只要它不放弃，就一定会爬出井口，看到更美好的世界。

春秋战国时期，某城被围。

城内

这次来的地方又有点危险！

援军10天后到达，我们这10天一定要坚守住。

高斯博士的小黑板

鸡兔同笼问题公式

> 兔的只数 = (总足数 −2 × 总头数) ÷ (1只兔子的足数 −1只鸡的足数)
>
> 鸡的只数 = 总头数 − 兔的只数

> 鸡的只数 = (4 × 总头数 − 总足数) ÷ (1只兔子的足数 −1只鸡的足数)
>
> 兔的只数 = 总头数 − 鸡的只数

植树问题公式

两端都植：棵数 = 总距离 ÷ 间隔长 + 1

只植一端：棵数 = 总距离 ÷ 间隔长

两端都不植：棵数 = 总距离 ÷ 间隔长 − 1

环形植树：棵数 = 总距离 ÷ 间隔长

工程问题公式

作总量 = 工作效率（工作效率和）× 工作（合作）时间

作效率（工作效率和）= 工作总量 ÷ 工作（合作）时间

作（合作）时间 = 工作总量 ÷ 工作效率（工作效率和）

牛吃草问题公式

的生长速度 =（对应的牛头数 × 吃的较多天数 – 对应的牛头数 × 吃

　　　　　　的较少天数）÷（吃的较多天数 – 吃的较少天数）

有草量 = 牛的总数 × 吃的天数 – 草的生长速度 × 吃的天数

的天数 = 原有草量 ÷（牛的总数 – 吃新草的牛数）

盈亏问题公式

次盈，一次亏：（盈 + 亏）÷ 两次每份的差额 = 份数

次都盈：　　（大盈 – 小盈）÷ 两次每份的差额 = 份数

次都亏：　　（大亏 – 小亏）÷ 两次每份的差额 = 份数

利率问题公式

（月）利率 = 利息 ÷ 本金 ÷ 存款年（月）数 ×100%

息 = 本金 × 存款年（月）数 × 年（月）利率

高斯博士的小黑板

行程问题公式

路程 = 速度 × 时间

速度 = 路程 ÷ 时间

时间 = 路程 ÷ 速度

相遇问题： 总路程 = 速度和 × 相遇时间

相离问题： 总距离 = 初始距离 + 速度和 × 相离时间

追及问题： 追及距离 = 速度差 × 追及时间

列车过桥问题：

过桥时间 =（桥长 + 车长）÷ 速度

速度 =（桥长 + 车长）÷ 过桥时间

桥长 + 车长 = 速度 × 过桥时间

行船问题：

顺水速度 = 静水速度 + 水流速度

逆水速度 = 静水速度 – 水流速度

蜗牛爬井问题：

时间 =（井深 – 白天上爬的路程）÷（白天上爬的路程 – 晚上下滑的路程）+1（若有余数则 +2）

跟着易小点,
数学每天进步一点点

数与数字关系　运算与速算　图形与测算　图形与测算　特殊测算

1 原始人放羊
2 酒桶上的符号
3 秦始皇的马车
4 装不满的粮仓
5 送我一斗米

统计与概率　基础应用　典型应用　典型应用　典型应用

6 丘吉尔计划
7 弓箭手列队
8 逆袭的赛马
9 牛顿家的牛
10 快追上韩信

★出　　品：童心布马
★策　　划：张　剑
★责任编辑：张志新
★助理编辑：曹　云
★美术编辑：阳春面
★封面设计：张　婧

上架建议：儿童读物

ISBN 978-7-5477-4140-5

猫先生

北京日报出版社
微信公众号

童心布马
微信公众号

9 787547 741405 >

总定价：220.00元(全10册)